“十四五”时期国家重点出版物出版专项规划项目

农 业 科 普 丛 书

图说饲用油菜生产机械化

主 编 廖宜涛 廖庆喜　　副主编 黄 凰 周广生

中国农业科学技术出版社

图书在版编目（CIP）数据

图说饲用油菜生产机械化 / 廖宜涛，廖庆喜主编 . -- 北京：中国农业科学技术出版社，2022.6

ISBN 978－7－5116－5756－5

Ⅰ . ①图…　Ⅱ . ①廖…②廖…　Ⅲ . ①油菜—机械化栽培—图解　Ⅳ . ① S634.3

中国版本图书馆 CIP 数据核字（2022）第 071161 号

责任编辑　周丽丽
责任校对　李向荣
责任印制　姜义伟　王思文

出 版 者　中国农业科学技术出版社
　　　　　北京市中关村南大街 12 号　邮编：100081
电　　话　（010）82109194（编辑室）（010）82109702（发行部）
　　　　　（010）82109709（读者服务部）
传　　真　（010）82109194
网　　址　http: // www.castp.cn
经 销 者　各地新华书店
印 刷 者　中煤（北京）印务有限公司
开　　本　180mm×205mm　1/20
印　　张　2.8
字　　数　60 千字
版　　次　2022 年 6 月第 1 版　2022 年 6 月第 1 次印刷
定　　价　30.00 元

资 助

湖北省科技服务油菜产业链“515”行动

财政部和农业农村部国家现代农业产业技术体系（CASR-12）

农业农村部全国农业科研杰出人才及其创新团队（2015-62-145）

农业农村部油菜全程机械化科研基地

《图说饲用油菜生产机械化》

编委会

主　　编　廖宜涛　廖庆喜

副 主 编　黄　凰　周广生

编　　委　丁幼春　万星宇　白桂萍

肖文立　张青松　夏斌斌

高大新　舒彩霞　蒋亚军

老夏，是十里八村出了名的能人，年轻时在广东打拼多年，各种行当都干过，后来回乡搞养殖业，目前养了300多头肉牛，日子也是红红火火。

但每年一到冬春季节就犯愁，这两个季节啊，青黄不接，缺少喂牛的青饲料。

舅舅，今天我去参加培训，
专家说油菜可以用来喂牛，从苗期到
花期都可以割了直接喂，结荚了还可以做
青贮饲料。村子里那么多地，冬天都荒着，
您花点钱租一季，种上油菜，就不用
愁牛儿们的饲料了。

真的吗？那可太好了，我
也听几个养牛的朋友在说这个事，
你能给我具体讲讲吗？

舅舅，专家讲了很多，我水平有限，就听了个大概，专家说我们可以随时找他，您打电话直接问问吧。

好，我这就打电话问问。

油博士，您好！
我是老夏，是个养牛大户，每年冬春季节为了青饲料的问题发愁，我外甥参加了你们的培训班，听我外甥说，种油菜可以解决这个问题，您能给我详细地介绍一下吗？

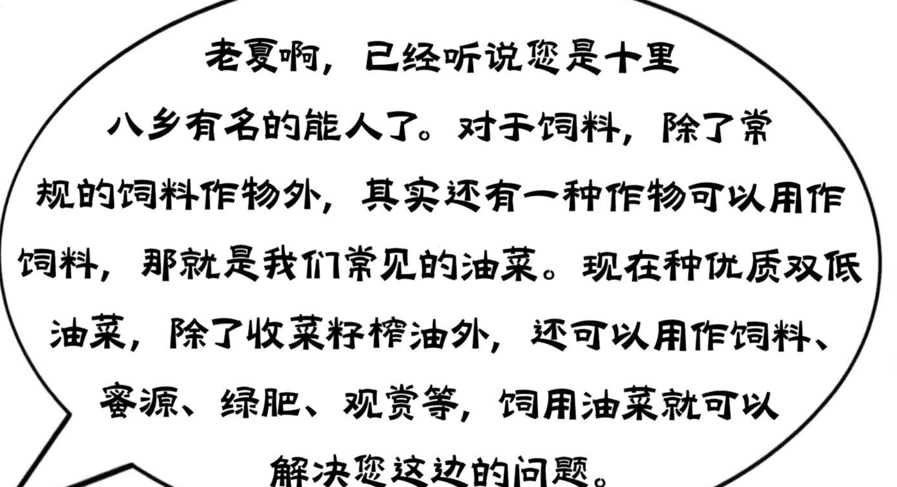

具体关于饲用油菜的情况呢，咱们在电话里一句两句地也说不清楚，这样吧，明天我们去您的养牛场好好给您讲解一下，顺便参观一下您的养牛场，怎么样啊？

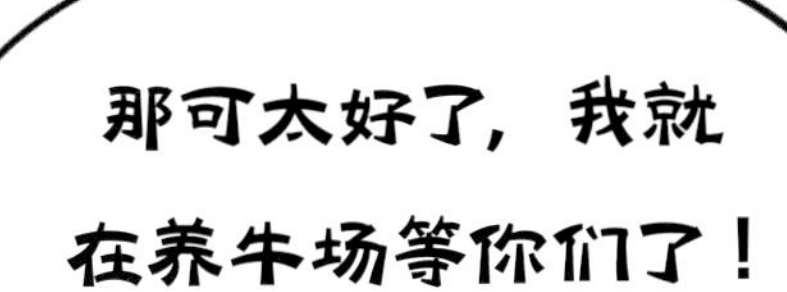

老夏您好啊，您这牛养得真不错啊！

哪里哪里，我也是瞎折腾。早年在广东开服装厂，挣了点钱，看到国家提出乡村振兴战略，我的父母和家人又都在农村老家，我觉得农村机会更多，就回来了。我父亲以前是兽医，还有点手艺，我年轻的时候也学了一点，就回来专心喂牛，算是继承家传啊。

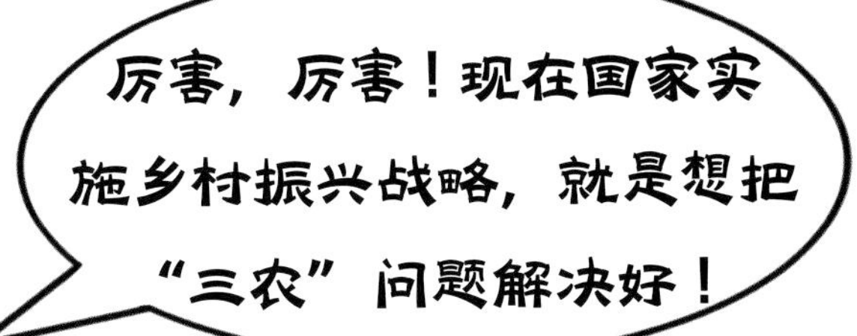
厉害，厉害！现在国家实施乡村振兴战略，就是想把“三农”问题解决好！

是的，政府很支持我！
资金、政策都很支持！
我在县城里还开了两家牛肉面馆……
唉，就是每年一到冬天就愁饲料，买青贮饲料成本又高，自己收储的秸秆只能做粗饲料，营养单一，常常搞得青黄不接，还出现过牛营养不良、生病死亡的问题。

是的，养殖户都面临这个问题，不过老夏，您现在不用担心了，其实冬春季节到处都是饲料。
是吧，那太好了！您说的那个油菜喂牛，是怎么回事？
一般我们种油菜用来收菜籽榨油，一亩地也就能收100多千克菜籽，卖不到600块钱，以前大家都种油菜，挣春收，现在都懒得搞了，好多田收完水稻就荒着了。难道油菜也能做饲料？

是的，其实油菜全身都是宝，
关键是我们怎么利用好！这些年通过品种培育，油菜多功能开发利用得到了极大的发展，传统的高芥酸、高硫代葡萄糖苷的油菜品种已经被优质双低油菜品种替代，完全可以用来当饲料。

我知道以前用油菜喂牛，口感不好，而且吃多了还会中毒，现在要是可行，那这周边几百亩地，我全部可以种油菜，那就解决了大问题啊。

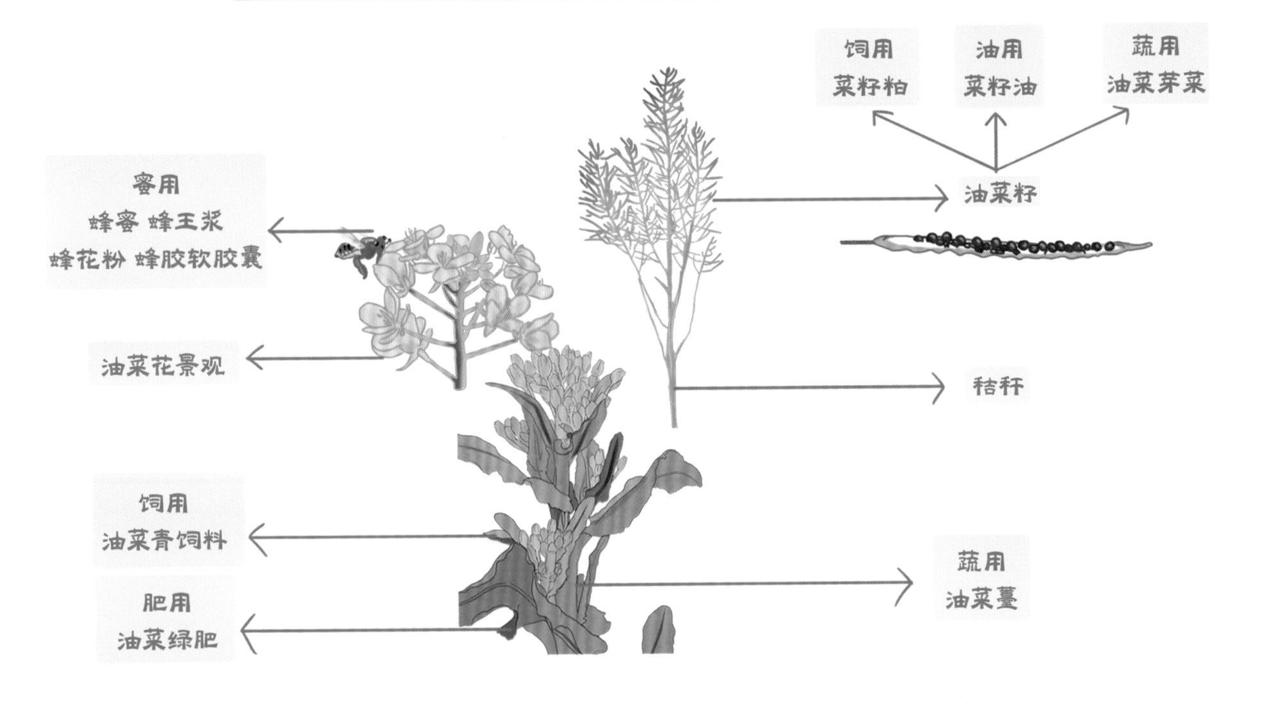

您那是“老黄历”了，那会儿的油菜品种不行，确实不适合喂牛；现在都是优质双低油菜，这个双低油菜不仅收籽榨油产量高、品质也高，嫩的菜薹可供食用。薹期、花期、果荚期都可以用作饲料，喂牛那是肯定可行，我给您详细说道说道。

双低油菜

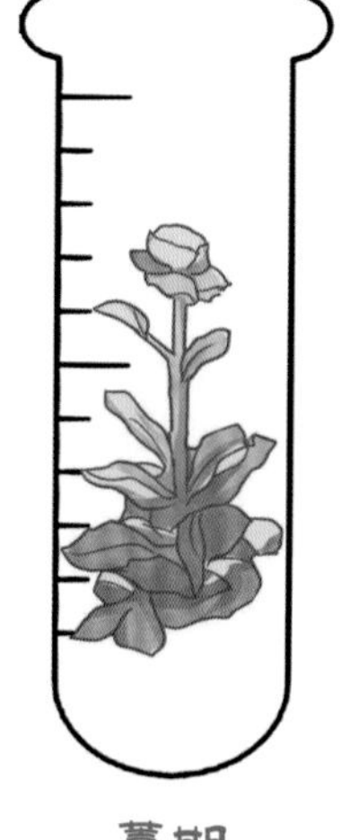

薹期

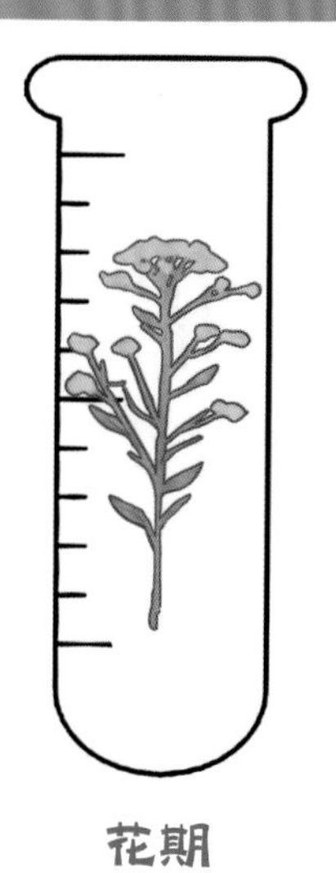

花期

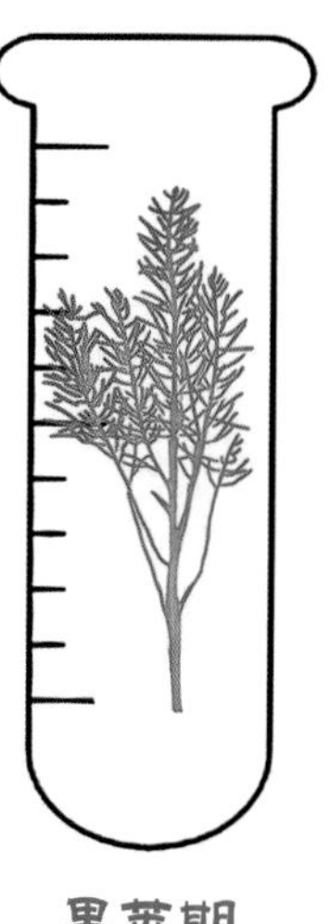

果荚期

芥酸、硫代葡萄糖苷含量少

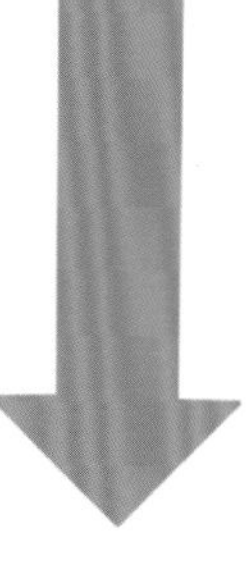

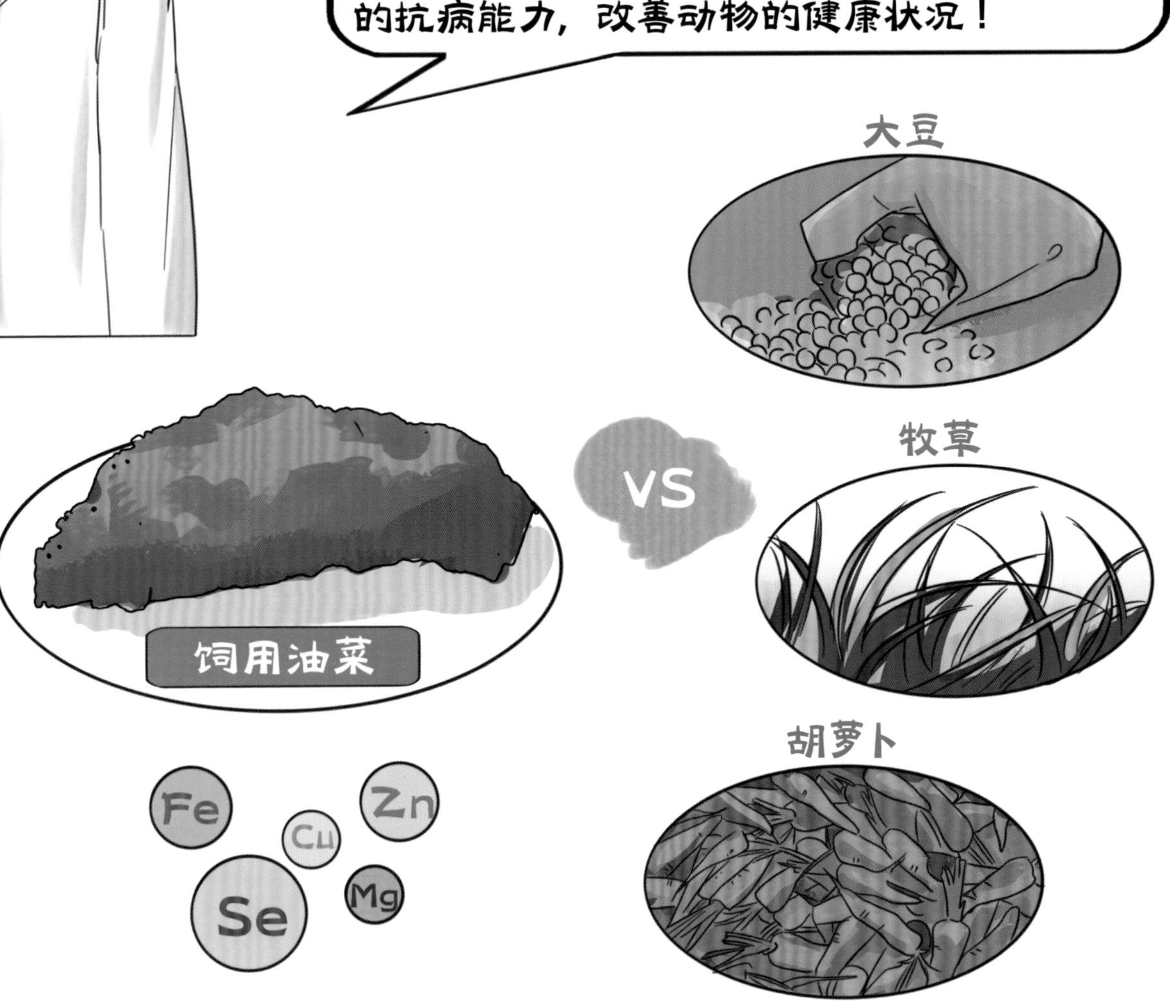

跟传统饲料相比，饲用油菜的蛋白质含量接近豆科牧草，粗脂肪含量高、粗纤维含量低，是一种比较优质的饲草，可以显著提高牛对营养物质的消化能力。此外，在肉牛日粮中添加饲用油菜，还可以增强动物的抗病能力，改善动物的健康状况！
大豆
饲用油菜
VS
牧草
胡萝卜
Fe
Zn
Cu
Se
Mg

听着确实不错，要是种油菜，养牛产生的牛粪、牛尿是不是还可以就地还田、废物利用，还是高级有机肥呢！
是啊，老夏确实是能人，一下就想到这个了，用油菜田消纳养殖粪尿废弃物，确实可行，生态效益和经济效益都非常好！
嘿嘿，农家肥能肥田，我从小就知道咧！

没错，这算是油菜喂牛的优点之一，种植饲用油菜还有十大优点呢，我给您一一道来！

哈哈，十大优点，好的，我拿我的小本本给记上，后面也好给喂牛的好哥们讲解，普及这个知识！

饲用油菜有“十大优点”

1. 利用秋闲、冬闲地种植，不与粮争地。

南方可以在水稻收获后种植，和种春收油菜一样，达到一定生物量就可以收割来喂牛，可以边割边喂，一直可以喂到开花结荚，而且先割的开春后还会再发第二茬；结荚后可以视情况收油菜籽或青贮。

北方可以利用玉米、小麦等作物收获后 2 个月左右的光温条件种植，一般到霜冻期正是油菜开花时，生物量也高，就可以收储饲喂了。

参考傅廷栋院士的总结

饲用油菜有“十大优点”

2. 产量高，一般亩产 3 t 以上。

在湖北仙桃、潜江等地，盛花期生物量最大时收获的鲜草产量都超过 5 t / 亩；在甘肃古浪、吉林白城、新疆石河子等地麦后复种产量也都超过 3 t / 亩。

饲用油菜有“十大优点”

3. 缓解冬春青饲料短缺的问题。

4. 营养价值高，适口性好。

具有较高的能量；粗蛋白含量高，可与豆科牧草相媲美，且饲用油菜粗纤维含量较低，而粗脂肪含量较高；有机物消化能、代谢能以及磷含量也与豆科牧草接近，无氮浸出物和钙含量则在被测定饲草中最高；其枝叶嫩绿，适口性好，是优良的饲草。

饲用油菜有“十大优点”

5. 成本低，效益好，有利于农民增收。

6. 饲养效果好。

湖北省畜禽育种中心专家通过科学试验证明，饲喂相同精饲料和粗饲料，试验Ⅰ组、Ⅱ组相比对照组分别额外添加 3 kg 和 5 kg 新鲜饲料油菜，添加 3 kg 和 5 kg 新鲜饲料油菜均能显著提高肉牛日增重（28.26%、31.52%），试验Ⅰ组、Ⅱ组日毛利分别较对照组提高 5.58 元、7.07 元；对比青贮饲用油菜和青贮全株玉米饲喂育肥效果，结果也表明饲喂青贮饲用油菜日增重更快、耗料增重比降低、效果更好。

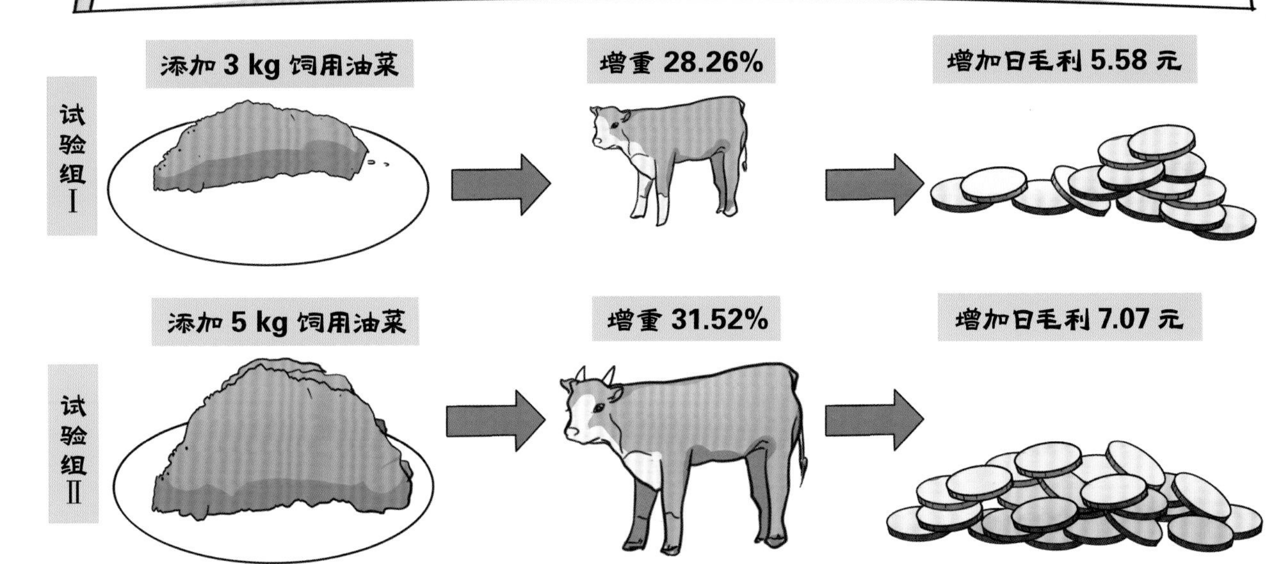

饲用油菜有“十大优点”

7. 复种油菜有利于保护生态环境和改良土壤。

8. 促进种植业结构调整。

9. 减少甲烷排放，有利于保护环境。

10. 可以多用途结合。

饲用油菜还可以多用途结合（“宜油则油，宜肥则肥，宜饲则饲”，菜用、旅游结合）。党的十八大以来，国家积极加快推进农业农村现代化，全面推进乡村振兴，油菜是促进农村三产融合发展的优势作物，很多地区种植油菜，打造油菜花海，发展农旅结合，已成为当地知名旅游景点，成为网红打卡地。

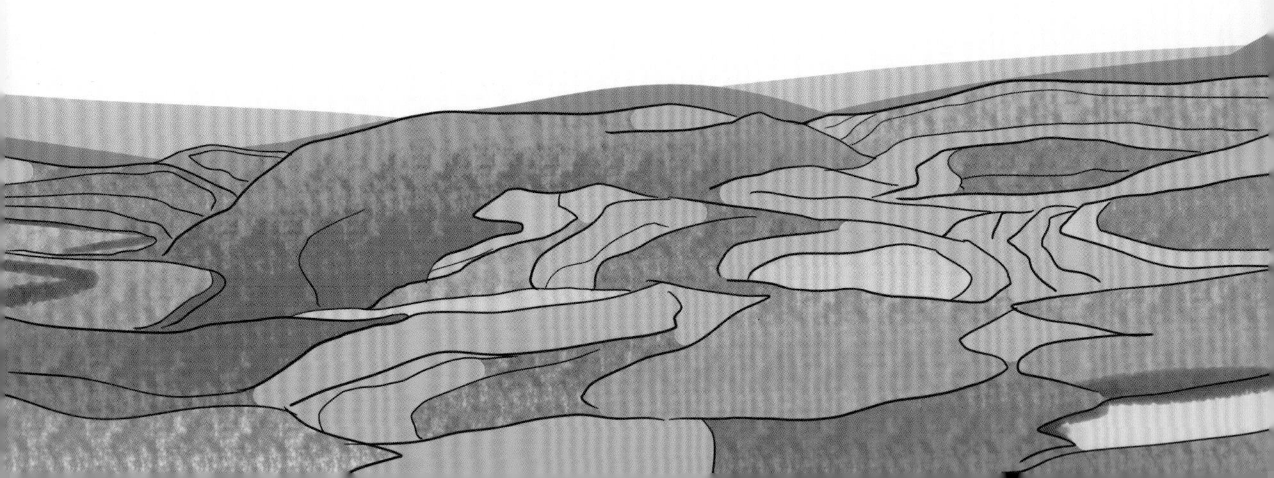

没想到种植饲用油菜有这么多好处，简直是利国利民的大好事！我一定马上干起来。

不过我这有 300 多头牛，至少要种 100 多亩啊，这么大面积，怎么种啊？播种还简单点，可以机耕后撒播，这个收获怎么搞啊？300 头牛，就算一天一头牛喂 5 kg，那得请两个人天天收割、饲喂，成本太高啊，而且这么累，估计出钱都很难请到人！

饲用油菜生产，首先要保证饲用油菜种子种到地里去，就需要完成耕整地和播种，随着种子发芽生长，饲用油菜依次进入苗期、薹期、花期和果荚期，从苗期到果荚期的饲用油菜都可以收获切碎后当作饲料，可以根据自己的需要选择收获时间，收获后被切碎的饲用油菜可以选择直接喂给牲畜食用，也可以打包发酵后制作成青贮饲料使用，保证冬春季节牲畜饲料充足。

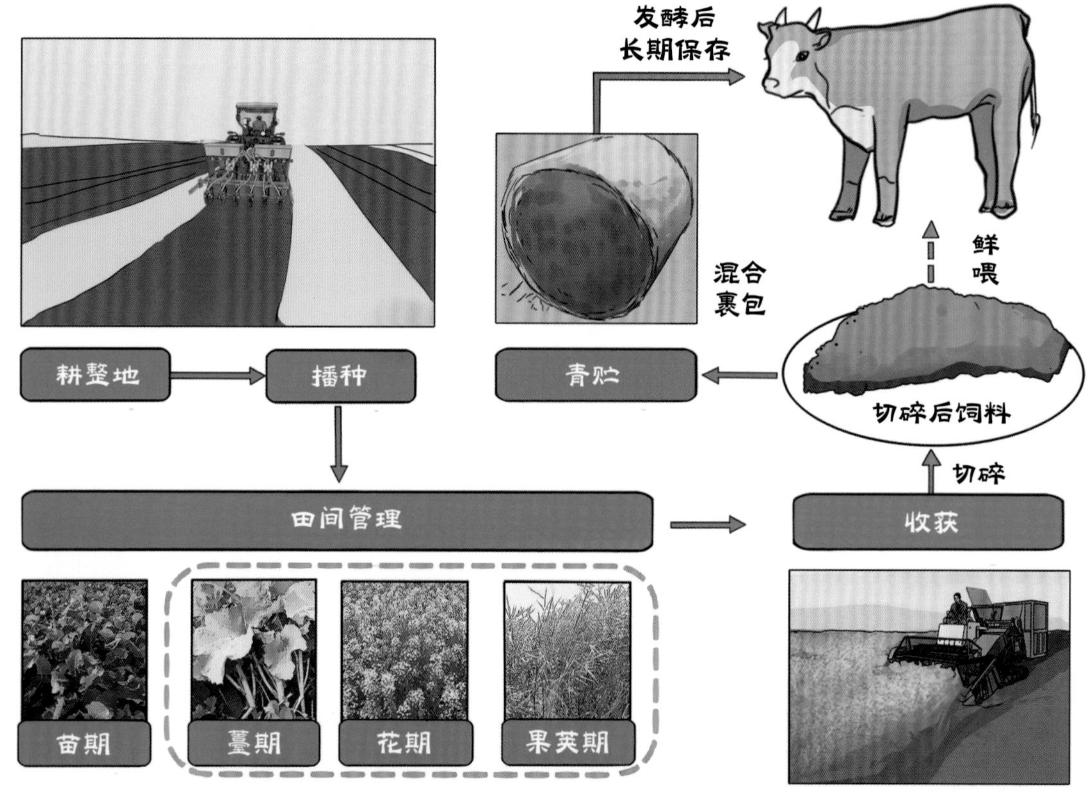

每个环节都有相应的农业机械装备，其中播种、收获环节需要有专用的装备，其他环节是通用装备。

先说播种。您说的那个先旋耕、再开沟、再人工撒种撒肥的分段作业模式效率低，劳动力成本也高；而且人工撒种撒肥，种子肥料浪费都多，没经验的还很难撒均匀，撒得不均匀长得就不好，影响产量。这种落后的方式该淘汰啦！

我给您推荐油菜精量联合直播技术，这个技术从 2014 年到现在一直是农业农村部主推技术，已在全国 20 多个省（自治区、直辖市）得到推广应用。

这么厉害！

那当然，看来老夏一心扑在养牛上，对新技术关注得不够呢。这个技术将耕整地、播种、施肥、开沟等多个功能模块集成，机器一次下地就能完成油菜播种所有工序，效率是相当之高啊，您 100 亩地，最多两天就播完了！而且播种同时肥料也同步施下去，比人工撒肥省事多了，而且肥料利用率也高，后期都不用追肥。

太佩服发明这个技术的专家了，简直是想到农民的心坎上去了，省时、省种、省肥，这就是省事、省心、省钱啊！

是的，因为这个技术解决了油菜机械化播种的问题，2020 年该技术被湖北省政府授予了湖北省科学技术进步奖一等奖呢！

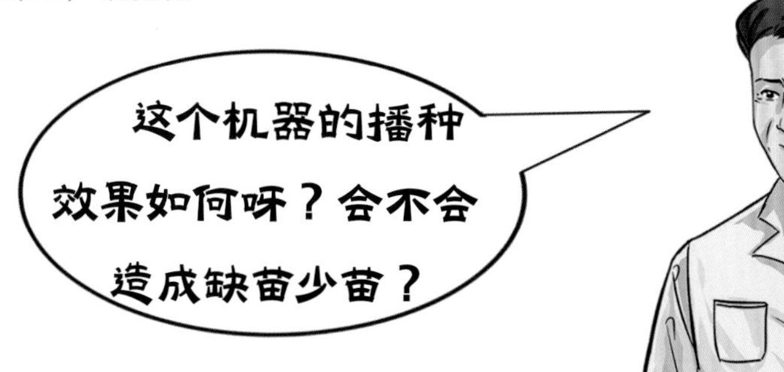

这点不用担心，这个油菜精量联合直播机采用最先进的正负气压组合式单粒排种技术，采用机器上风机产生的负压将种子一粒一粒地吸上，再由正压气吹力和重力共同作用将吸上的种子一粒一粒有序地播到地里，既不会损伤种子，又不会产生重播漏播，能节约良种，保证出苗均匀整齐，出苗后也不需要间苗补苗。如果您确实不放心，还可以在播种机上选装最新研制的播量检测系统，对油菜籽这种小粒径种子的检测准确率高达96%，能在播种机出现故障时报警，能在手机实时查看播了多少种子，均匀性如何，保证了机械播种不会缺苗少苗。

那用这个机械直播，种子肥料有什么要求？一亩田播多少种子，施多少肥？

饲用油菜播种与油用油菜播种基本一致。种子选优质双低油菜，最好是农业主管部门发布的主推品种；一般在9月中旬播种，亩播量350 g比较合适，如果播期晚，播量就适当增加，可以按每推迟7天、播量增加50 g的规律调整；肥料用普通颗粒复合肥或油菜专用颗粒复合肥，便于机械施用，推荐亩施肥量30～40 kg，如前期就施撒了牛粪等有机肥，播种时化肥可以适当减施。

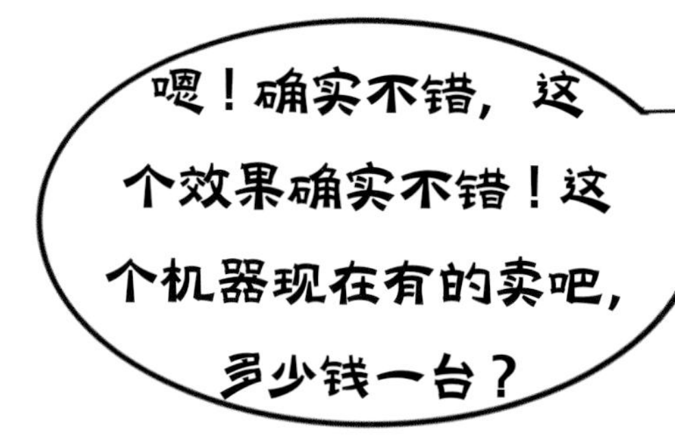

机器有的卖，技术已经产业化了，有些省份还能享受购机补贴。例如下面这两款机型，售价都不到 2 万元，作业幅宽 2 m，配套 80 马力（58.8 kW）以上拖拉机，一天播种 50 亩轻轻松松。

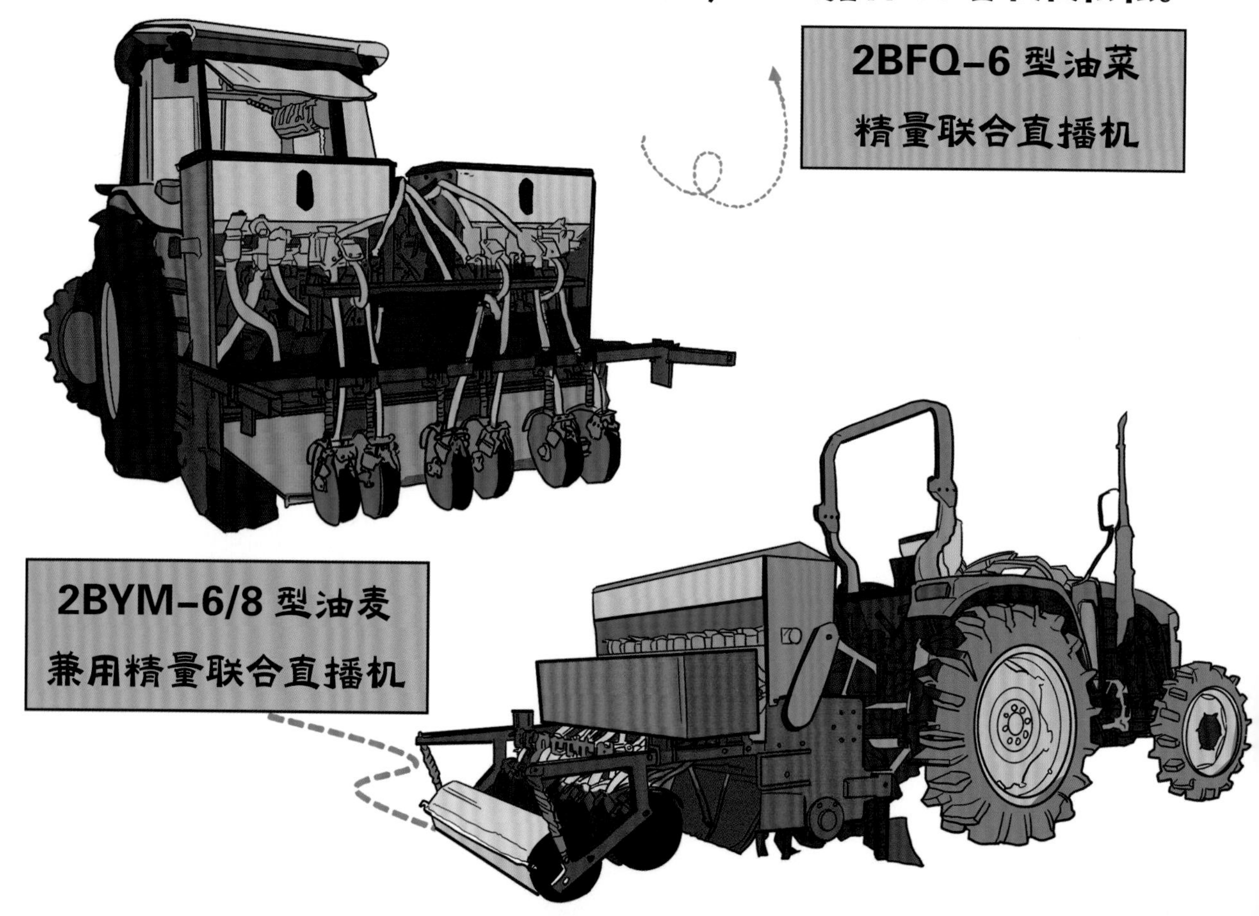

这个油麦兼用的播种机是不是还可以播小麦啊？那我搞青贮的小麦也可以用这个播啊！

是的，这也是根据生产实际需求发明的，在原来播油菜的基础上，增加了播小麦的功能，做到一机多用。一般小麦播期在油菜之后，所以机器设计成播完油菜，稍微调整一下，加上镇压器就可以播小麦了。

小麦条播排种器

排肥器

油菜单粒精播排种器

双圆盘开种沟

畦沟犁

旋耕刀辊

覆土板

镇压辊

这个好！一定去
买一台！您刚说播种，
那收获呢？
饲用油菜机械化收获要注意，
因为果荚期以前的油菜茎秆比较脆嫩、
含水率比较高，传统的青饲收获机对油
菜揉搓太厉害，都成糊状了，机器特别容
易堵，同时物料呈糊状，营养流失，适口
性也会下降；进入果荚期、收获后用
来青贮，相对会好一点。

那有适合饲用油菜的收获机吗？
有的，下面就是一款用于饲用油菜收获的收割机，只切碎、不揉搓，可以收割薹期、花期的饲用油菜直接去鲜喂，也可以收割果荚期的油菜用来青贮。

抛送通道
集料箱
链耙式输送装置
割台
履带行走系统
饲用油菜滚刀式切碎装置
自适应调节喂料机构

这个饲用油菜收获机就是以履带式谷物联合收获机为基础，通过模块化设计开发的，实际应用中可以通过对切碎功能和饲用油菜集卸（集料卸料）功能模块组合重构，实现饲用油菜收获与谷物收获功能切换，实现一机多用，这样可以提高机器利用率，降低机械化的投入成本。因此换个角度看，直接购买由企业生产的饲用油菜收获机，约 9 万元；向企业定制切碎功能和饲用油菜集卸功能模块的价格在 2 万元以内。

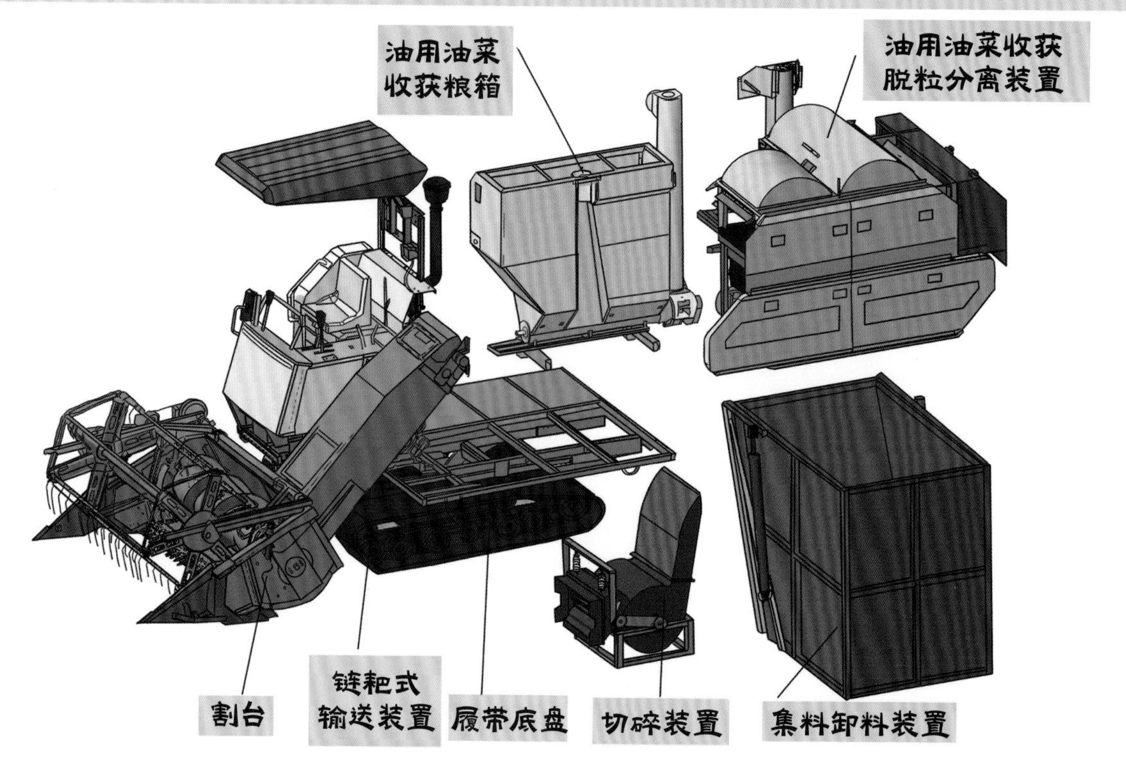

饲用油菜的切碎主要是通过切碎装置实现的，靠3个主要的工作部件：一个是喂入辊，起到把喂进来的油菜压实的作用，也可以避免油菜被切碎器快速拉入，保证切碎长度均匀一致；另外两个部件就是切碎器和定刀，切碎器是由转动的刀辊和均匀排列的动刀片组成的，定刀固定不动，动刀和定刀之间的间隙很小，喂进来的油菜由定刀支撑，动刀就会把茎秆切断。因为切碎器转得很快，所以饲用油菜会被切得很短并被抛出，完成整个切碎过程。

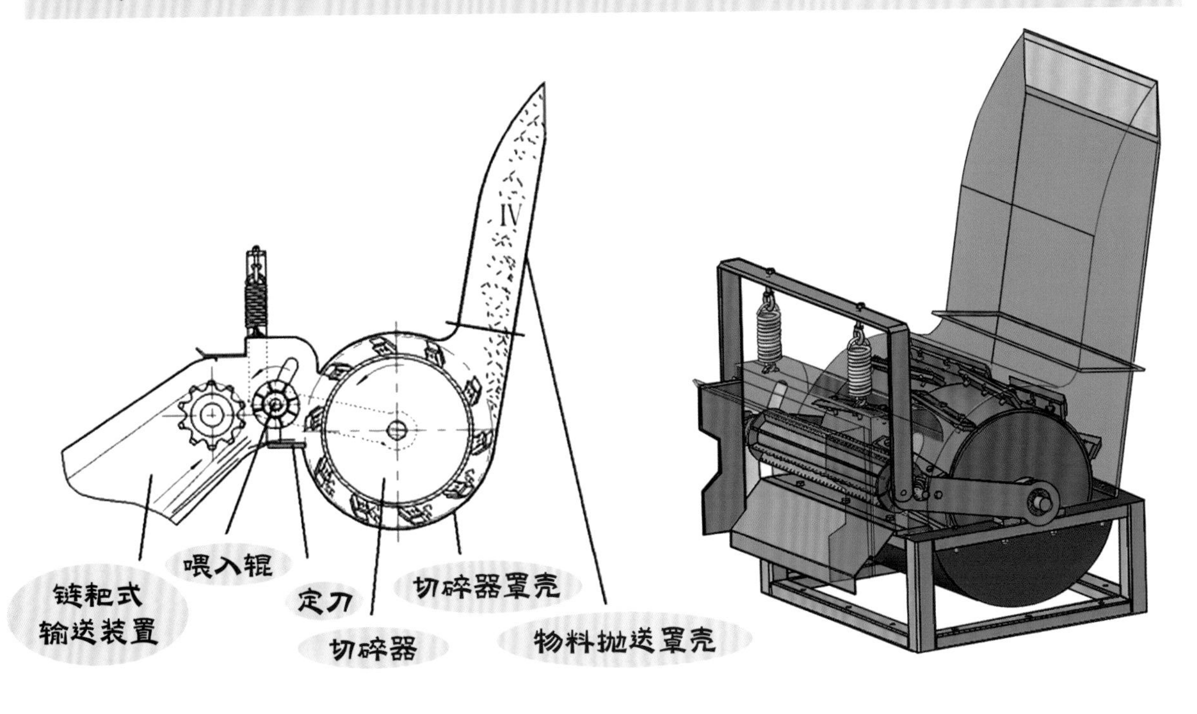

那集料箱装满了
怎么卸下来呢？

集料卸料装置装满后，在驾
驶室有个操作按钮，一直按着的话，集料卸
料装置两侧的液压油缸就会伸长，集料卸料装置
会绕顶部回转点转动抬高，把内部储存的物
料倾倒出来。

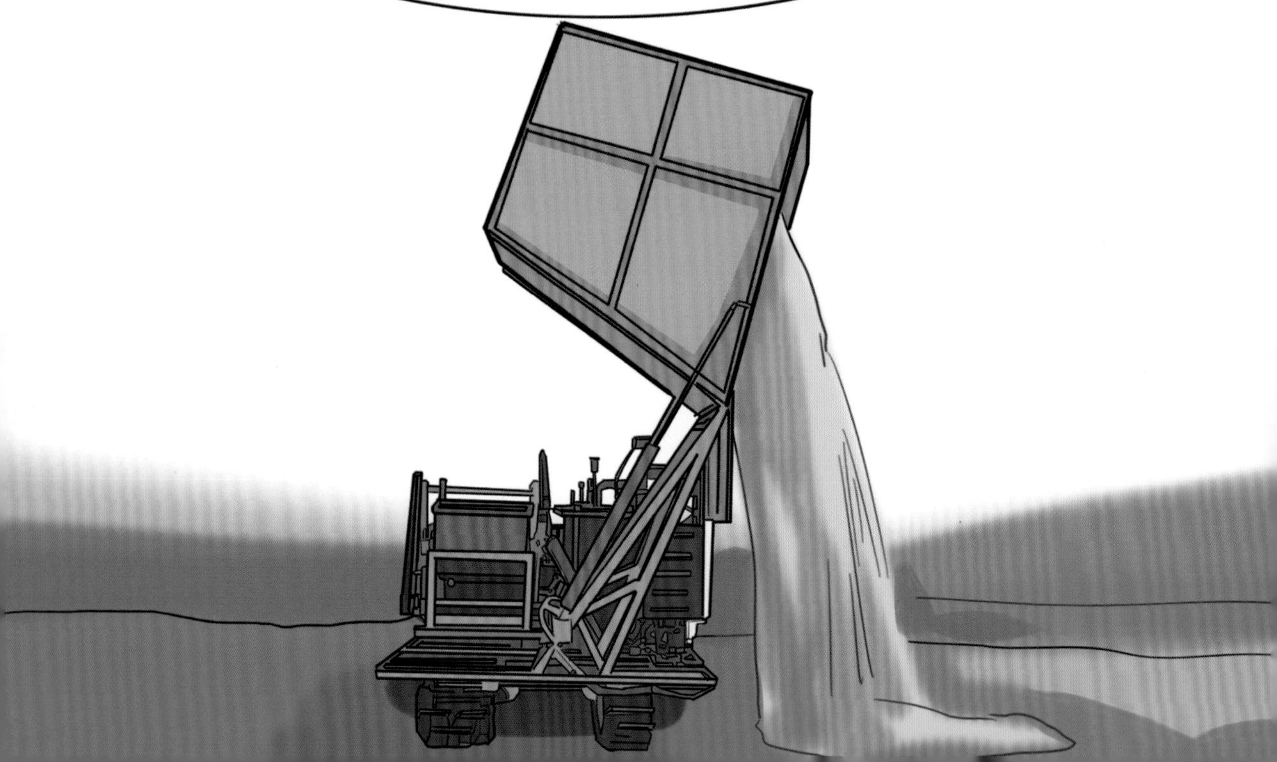

原理我基本明白了，那这个机器工作效果怎么样？

效果很好，切得又碎又均匀，从苗期收到果荚期，你300头牛，每天早上开去割一趟，半小时左右就可以把鲜嫩多汁的油菜喂到牛肚子里，也不用另外花费人工。

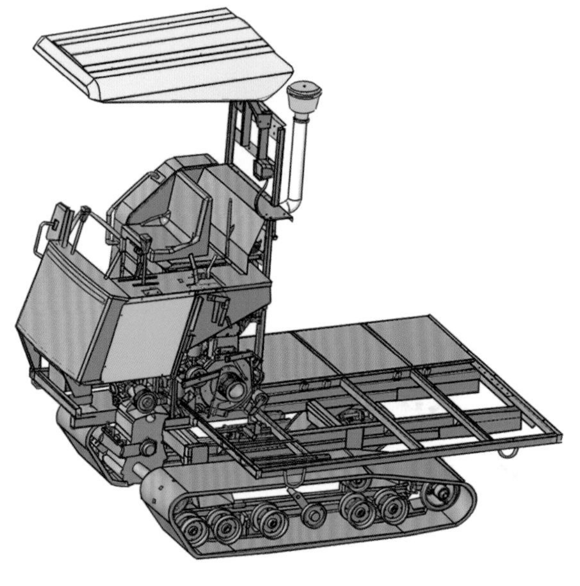

而且这个饲用油菜收获机采用联合收获机履带底盘，动力强劲，不用担心田里土壤湿滑黏附陷车，初次收获时履带对根茬的碾压小，对二茬生长影响不大。

这个不错，鲜割鲜喂，轮着割过去，整个冬春季节，牛都可以吃到新鲜的青绿草料了，这样我就不用担心牛掉膘了，冬天也可以育肥。

是的！老夏，再告诉您个诀窍，牛吃不同时期的饲料油菜，切碎长度不一样，吃的效果也不一样。
这个还有讲究，我这个老牛倌都不知道呢，您给说说。

是的，我们做了油菜茎秆物料特性—切碎长度—饲喂效果的系统研究，发现饲用油菜随生长时间推移，适口性逐渐降低；适口性差，饲喂槽中遗留的物料越多，清槽越麻烦；切短了会改善适口性，但切太短，牛每次采食过程会有部分物料漏出，导致采食时间延长。

那就是说要想牛吃得又干净又快，要根据油菜不同时期的适口性，不能切得太长，也不能切得太短？

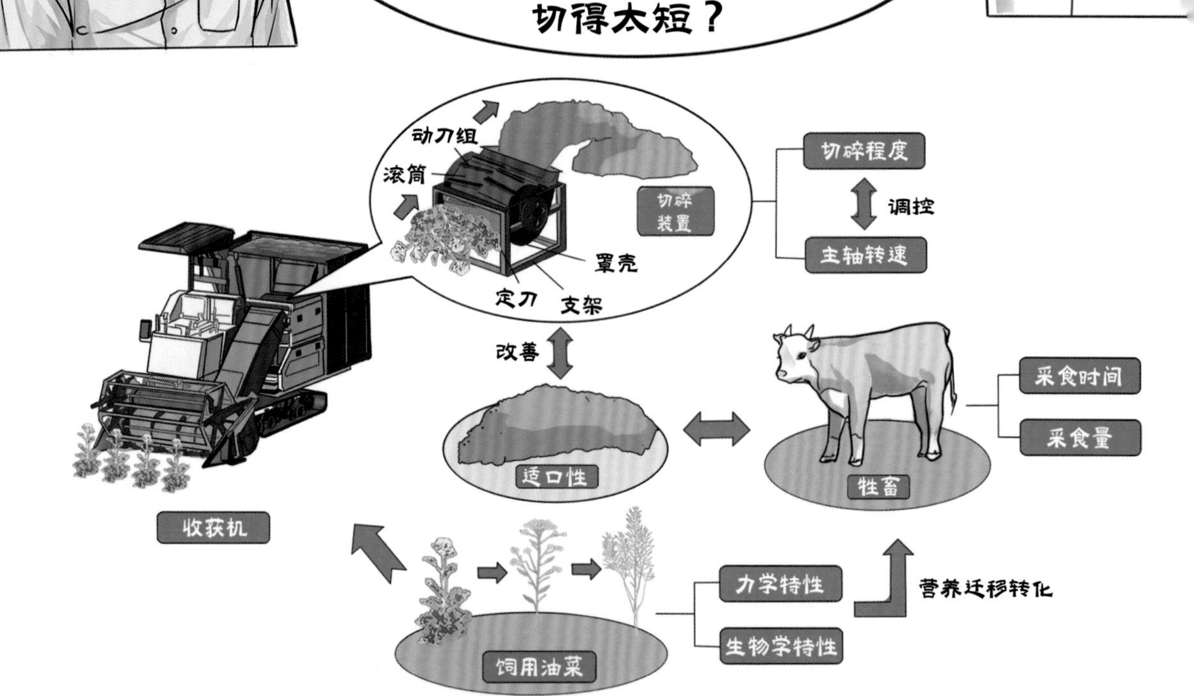

是的，研究发现
抽薹期适宜的切碎长度为 80 mm，
开花期适宜的切碎长度为 60 mm，
果荚期适宜的切碎长度为 30 mm。

这个有意思，
你们研究得仔细，那这个
机器收获油菜时候的切碎
长度能调整吗？

我们发现这个规律后，
设计的时候就注意了，切碎主要是靠
这个切碎辊上的刀片，辊的转速越快切得
越碎，因此我们设计了适合不同的传动比
组合带轮，不同的时期调节不同
传动比就可以了。

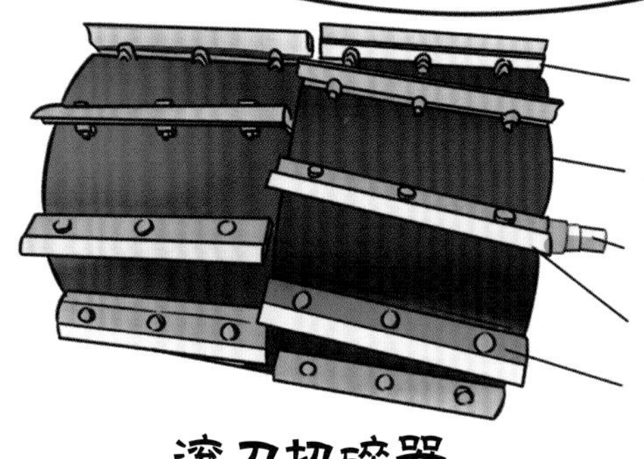

滚刀切碎器

那我明白了，
那青贮是不是要切
得短一点？

是的，青贮切到 30 mm 左
右比较合适；另外青贮需要注意由于
果荚初期的油菜含水率还是比较高，要
看具体的情况，青贮打包的时候最好能
混合一点干草、花生秧等，调控一下
水分。

一般加多少干草？水分
调控到多少合适？

一般青贮料水分
控制在 60% 左右比较合适；
可以按 70% 饲用油菜、30%
稻草比例混合后青贮。

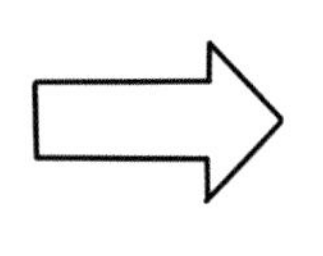

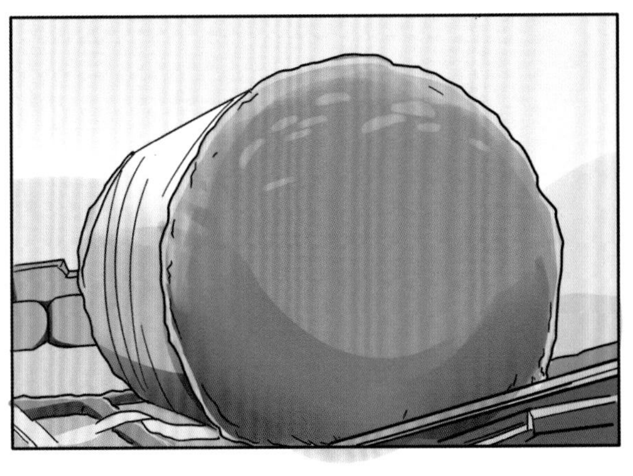

嗯，还有这个讲究，
那相关的机械呢？

青贮过程主要包括不同饲料的混合搅拌、打捆裹包等。混合搅拌时可以根据要求加入乳酸菌等进行发酵调控，采用通用的立式或者卧式搅拌机就可以了。
立式搅拌机可以将不同饲料从桶体底部由中心提升至顶端，再回至底部实现饲料在桶内上下翻滚搅拌；卧式搅拌机可以将饲料在桶体内横向运动，沿着径向移动、变化，从而形成了对流循环。根据需要选择即可。

立式搅拌机

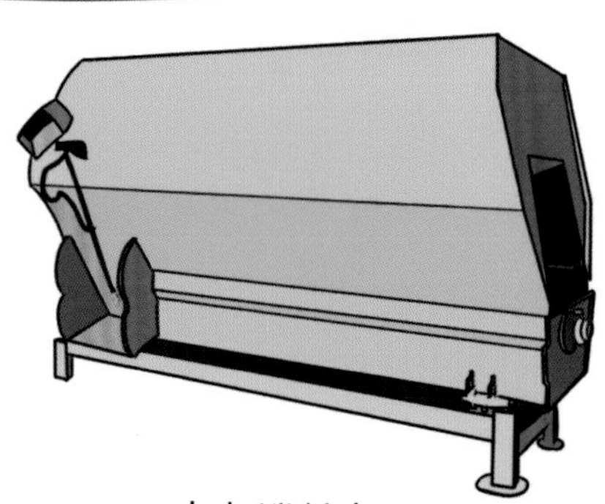

卧式搅拌机

常见的打捆裹包机械根据裹包形状分为圆捆打捆机和方捆打捆机，可以根据储藏方式选择。

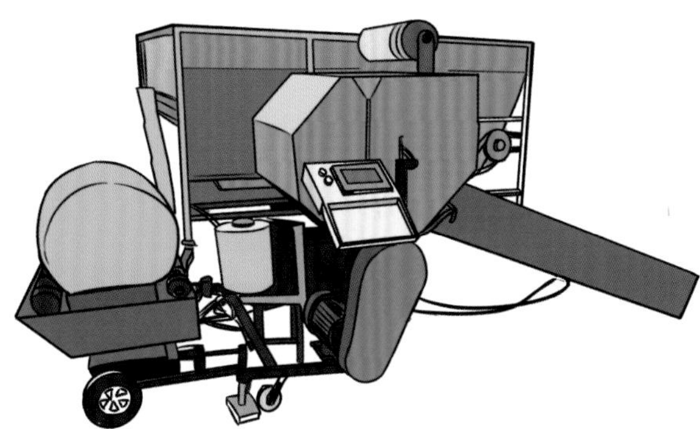

圆捆打捆机

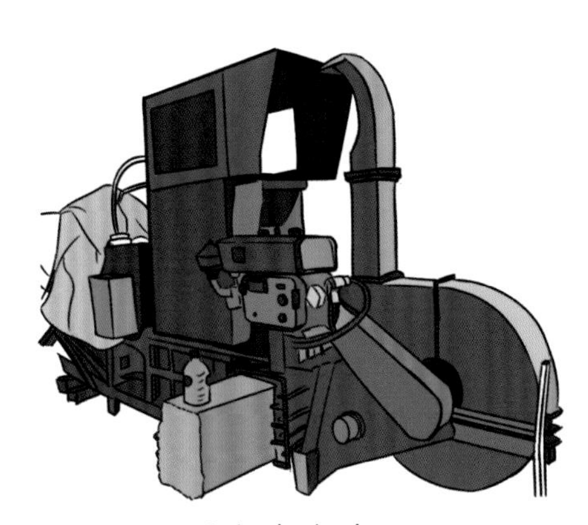

方捆打捆机

储藏

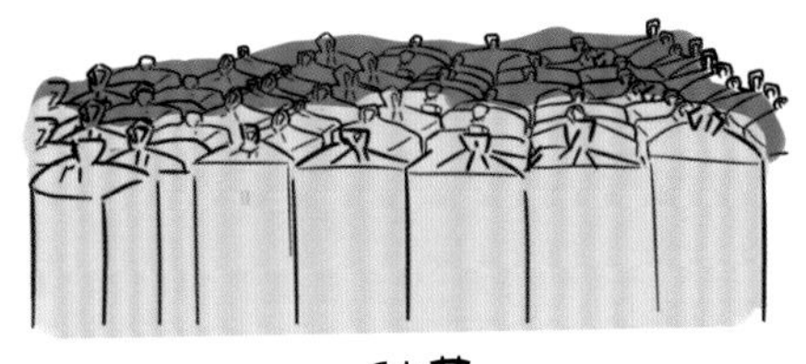

储藏

还有通用的混合裹包机可以一次性完成搅拌和打捆裹包。

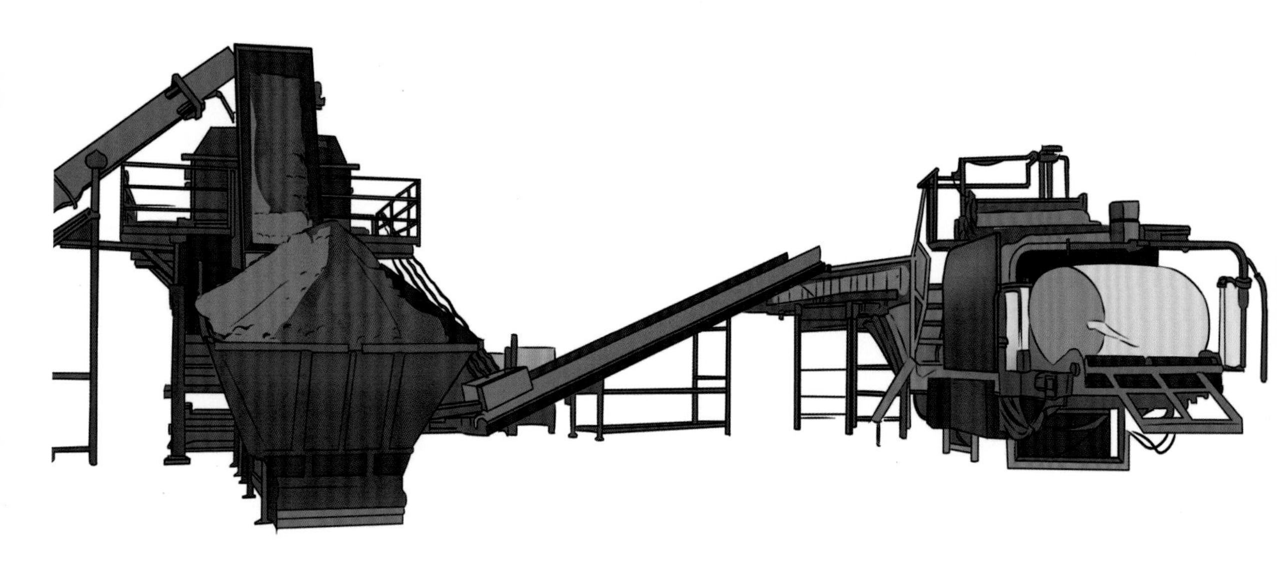

那不是可以多种一些，实现商品化销售？

是的，采用全程机械化、标准化、规模化生产的饲用油菜不仅可以养殖户自己用，实现种养一体，解决冬春季节饲草短缺，降低生产成本，还可以商品化销售，是帮助老百姓致富的一条重要途径。

饲用油菜可真的是好处多多啊，大有可为！我这就去联系流转半季土地，好好种这个饲用油菜，今年试验先保守点，搞 50 亩，保证我的牛在冬春季节也能有青饲料吃，要是效果好，明年扩大规模。

心动不如行动，这里头油菜种植、青贮还有一些技术细节，您有需要可以随时联系我，我们为您做好技术服务！

好的！有困难我肯定少不了麻烦您！

油博士，听了您之前的介绍后，我马上行动起来，在牛场周边种了油菜，购买了饲用油菜收获机。用油菜喂牛果然可行，机械化省力省工，每天喂新鲜油菜，牛吃得好，长得快！

那是肯定的，饲用油菜喂牛，我们在全国好多地方都试验过了。

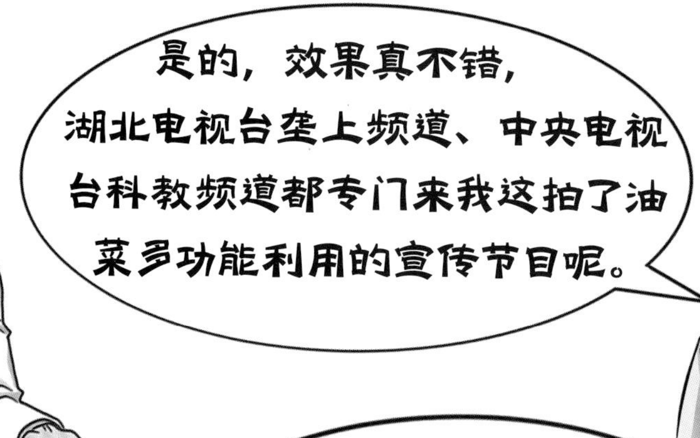
是的，效果真不错，湖北电视台垄上频道、中央电视台科教频道都专门来我这拍了油菜多功能利用的宣传节目呢。
那真是太好了，新技术要多宣传，让有需要的养殖户都能种上饲用油菜，解决冬春季节青饲料短缺的问题。

直播
CCTV 10
科 教
11:31
养牛大户 老夏
它能弥补冬天牛羊对青饲料来源的空缺

感谢你们提供的新技术！
乡亲们看到我这整得红红火火，都想试一试呢，就是不知道除了喂牛外，喂羊可不可行呢？

都可以的，只要调整好配料比例和切碎长度，满足不同牲畜的采食要求就可以。

好的，我这就把这个好消息告诉乡亲们，以后有困难还得请您多指点，再见！

一定一定，有疑问随时联系！再见！